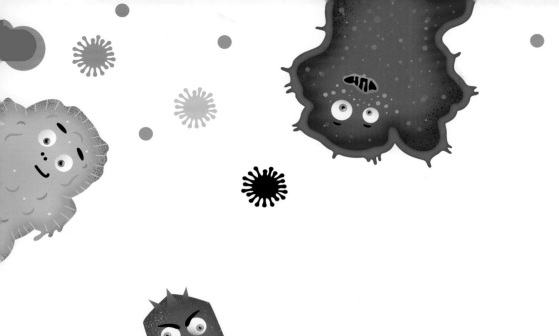

微生物大百科

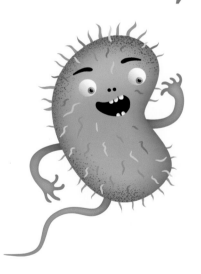

[英] 史蒂夫·莫尔德 著

刘宣谷 译

未小读
UnRead Kids

北京联合出版公司
Beijing United Publishing Co.,Ltd.

目录

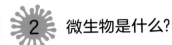

1　写给小读者的话

2　微生物是什么?

4　结识微生物家族

6　眼见为实

8　关于细胞的一切

10　细菌是什么?

12　生长与分裂

14　神奇细菌在哪里?

16　乌贼也能发光?

18　在你的身体里

20　坏家伙们

22　人体防御有妙招

24　抗生素的故事

26　细菌也有超能力

28　兢兢业业的细菌

30　病毒是什么?

32　感冒来势汹汹

34　抗击病毒

www.dk.com

混合产品
纸张 |
支持负责任林业
FSC® C018179

DK微生物大百科

[英] 史蒂夫·莫尔德 著

刘宣谷 译

选题策划　联合天际
责任编辑　楼淑敏
特约编辑　韩　志　张安然
装帧设计　浦江悦

图书在版编目(CIP)数据

DK微生物大百科 / (英) 史蒂夫·莫尔德著;刘宣
谷译. – 北京 : 北京联合出版公司, 2019.8(2025.1重印)
ISBN 978-7-5596-3247-0

I . ①D… II . ①史… ②刘… III. ①微生物—儿童读
物 IV. ①Q939-49

中国版本图书馆CIP数据核字(2019)第092149号

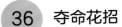

36 夺命花招

38 植物也会感染病毒

40 真菌是什么?

42 铺天盖地的霉菌

44 霉菌成长记

46 大厨小不点儿

48 蚂蚁变僵尸!

50 藻类是什么?

52 越来越多的绿色

54 原生动物是什么?

56 古生菌是什么?

58 微型动物

60 微生物学大事年表

64 术语表

66 索引

68 致谢

这本书里有些词怪怪的,让人看了一个头两个大! 不过没事,书后面有术语表来帮你。先自己读一读,再去对照一下术语表就好。

Original Title: The Bacteria Book
by Steve Mould

Copyright © Dorling Kindersley Limited, 2018
A Penguin Random House Company
Simplified Chinese translation copyright © 2019 United Sky (Beijing) New Media Co., Ltd.

All rights reserved.

北京市版权局著作权合同登记号 图字: 01-2019-5693号

出　版　北京联合出版公司
　　　　　北京市西城区德外大街83号楼9层 100088
发　行　北京联合天畅文化传播有限公司
印　刷　北京顶佳世纪印刷有限公司
经　销　新华书店
字　数　40千字
开　本　889毫米 × 1194毫米 1/16 4.5印张
版　次　2019年8月第1版 2025年1月第24次印刷
I S B N　978-7-5596-3247-0
定　价　68.00元

本书若有质量问题,请与本公司图书销售中心联系调换
电话: (010) 5243 5752

未小读
UnRead Kids
和世界一起长大

客服咨询

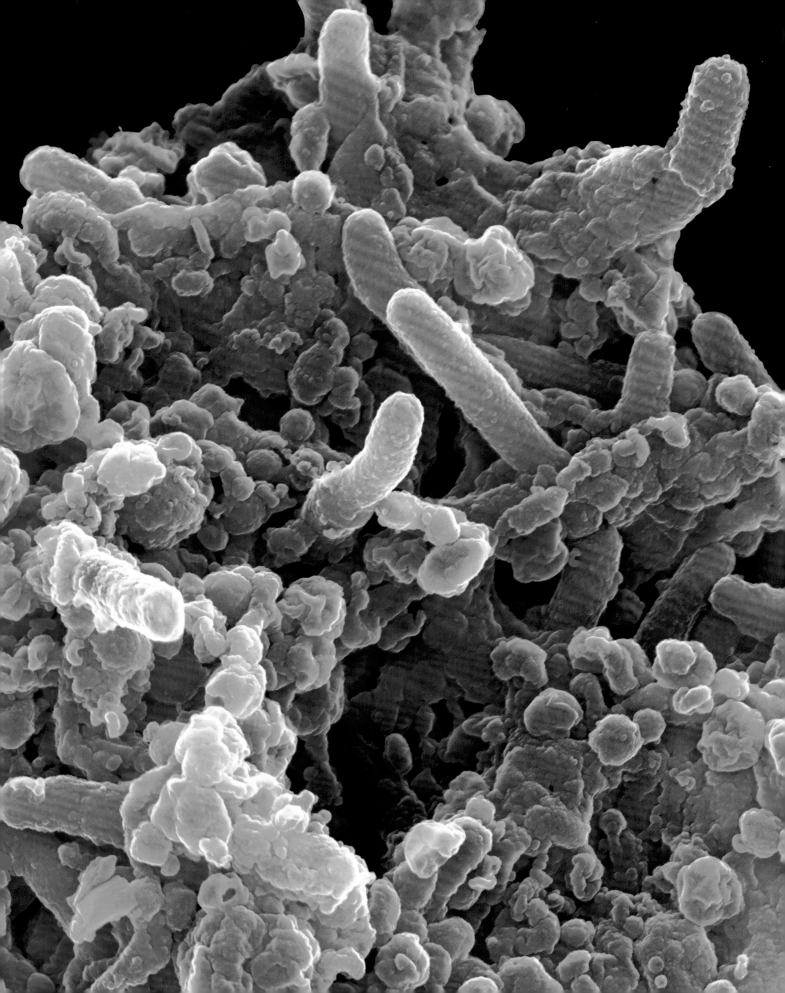

写给小读者的话

"看不见"不等于"不存在"。如果你瞅一瞅显微镜，眼前的世界一定会让你牢牢记住这句话。那是一个什么样的世界呢？好似**外星球**，到处都是稀奇古怪的"外星生物"。这些家伙不但模样长得古里古怪，一举一动好像也都不按常理"出牌"，跟咱们平时看到的生物不大一样。当然你也清楚得很，这些**神秘的微生物**压根儿用不着到外太空去寻找，因为它们就在你的显微镜下，**在你周围，在你身上**……甚至就**在你的身体里**。说白了，这个地球上到处都有微生物，它们有的和和气气的，跟咱们人类相处甚欢；可有的就绝非良善之辈了，人类不得不跟它们打了一仗又一仗。

所以，这本书里介绍的微生物，既有那些**吓人的**、害人的、恼人的小家伙，也有不少让人竖起大拇指说**"了不起"**的小家伙。害你"噗噗"放屁的细菌，本书里有；猫在你睫毛里的虫虫，本书里有；能鬼使神差般让蚂蚁变僵尸的真菌，本书里也有！

总之啊，这微观世界里有**数也数不清的奇妙**，我呢，挑自己最感兴趣的那些小不点儿来和你们说上一说，希望你们喜欢！

史蒂夫·莫尔德

微生物
是什么?

微生物,顾名思义,指的就是那些"微"小到你光凭肉眼根本看不见的**生物**。但"看不见"总归不是"没有",比如**细菌**,至少早在 **36 亿年前**就已经出现在地球上了,时至今日更是"菌丁兴旺",几乎无所不在。

在咱们**地球**上
生活的微生物,多达
一万亿种!

比米粒还要小

这些生物究竟有多小呢?这么说吧,将一粒大米放大 3 000 倍,你才有机会一睹米粒上小小细菌的真容。这还不算啥,有种叫病毒的微生物,个头儿比细菌还要小呢!

大米的长度是细菌的**几千倍。**

一粒大米,不管是在它身上,还是周围的空气中,都存在着许许多多的细菌。

一粒大米的长度,通常在 6 毫米左右。

实际大小

即便是最大的细菌,也还是小个头儿,也就 0.75 毫米左右吧,瞧,就像这个蓝点点这么大。

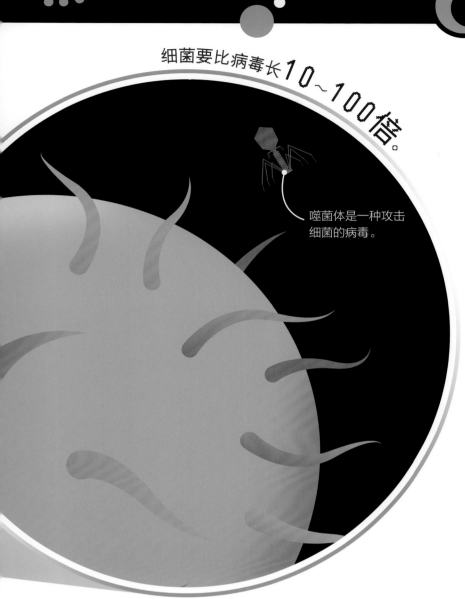

细菌要比病毒长**10~100倍。**

噬菌体是一种攻击细菌的病毒。

微生物难道真的有生命？

人家小归小，当然也是有生命的啊！如何界定一个对象到底有没有生命、是不是生物，科学家目前还没达成共识。不过但凡是生物，它们都会有些相同的基本特征，比如它们能移动、能生长发育，等等。这些特征，病毒只具备一部分，而不是样样具备，所以有些科学家认为病毒算不上是生物。

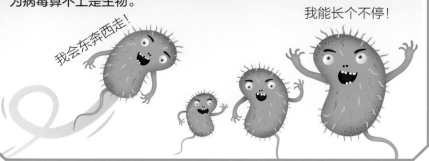

我会东奔西走！

我能长个不停！

如果你是一个微生物……

想想看，要是你一夜之间缩成细菌那么小，眼前这粒米立刻就会变得比高山还要雄伟了。想象出来了吗？这么一比，你就该知道微生物到底有多渺小了。

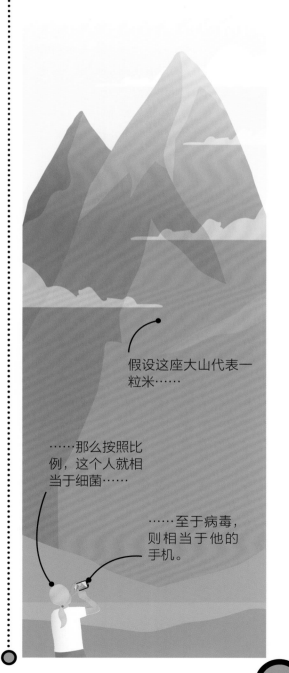

假设这座大山代表一粒米……

……那么按照比例，这个人就相当于细菌……

……至于病毒，则相当于他的手机。

结识 微生物家族

先跟地球上个头儿最小的这一大家子打个招呼吧！微生物是个大家族，虽说你平日里对它们视而不见，可微生物照样活得风生水起，家族成员繁衍得**到处都是**。其中最常见的这六位，咱们不妨逐一认识一下吧。

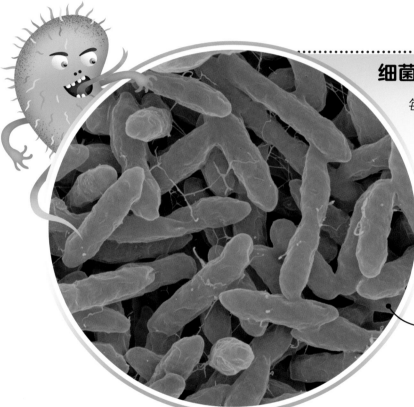

简纳西氏菌

细菌

每个细菌都只由一个细胞构成，而且在地球上，就数细菌细胞的结构最简单。地球上各种生命形态的数量加在一起，也不比细菌的数量多。

看外形，细菌千姿百态，各不相同。图中这些细菌是杆状的。

一种名叫噬菌体的病毒。

病毒

在微生物中，就数病毒的个头儿最小。病毒可以小到什么程度呢？小到它能住进其他生物的细胞里！不过，由于病毒既不进食也不发育，所以许多科学家都认为病毒根本算不上生物。

这个病毒正附着在细菌细胞上。

藻类

很多藻类都是由一个细胞也就是单细胞构成的，不过通常它们的个头儿要比细菌大。跟植物一样，藻类也会借助一种叫叶绿素的绿色化学物质，将太阳光转化成自己用得上的能量。

图中这个真菌就是由很多个细胞构成的。它生长在受损的指甲里。

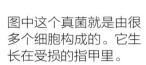

绿藻

这种原生动物寄生在鱼类的身体内。你瞧，它动起来有模有样的，仿佛走路一般。

真菌

霉菌这类微生物叫真菌，它们会将死去的动植物分解成自己的食物。真菌既有单细胞的，也有多细胞的。

一种叫作总状共头霉的真菌

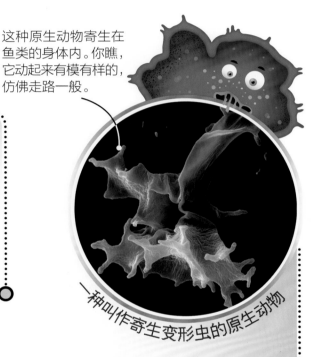

一种叫作寄生变形虫的原生动物

原生动物

原生动物只由一个细胞构成。它们的行为表现看上去有点儿像动物——不光东奔西走、东跑西颠，还会吃掉别的生物。

这个古生菌才不怕热呢。

古生菌

古生菌看上去特别像细菌，然而它们自有一套跟细菌不同的活法儿。它们能够在极端环境下生存，像酷热环境、强酸环境，都不在话下。

超嗜热菌

眼见 **为实**

既然我们光凭肉眼无法观察到微生物，那我们是**如何知晓**它们存在的呢？有一种方法便是借助显微镜去观察它们。当然啦，方法**不止这一个**。

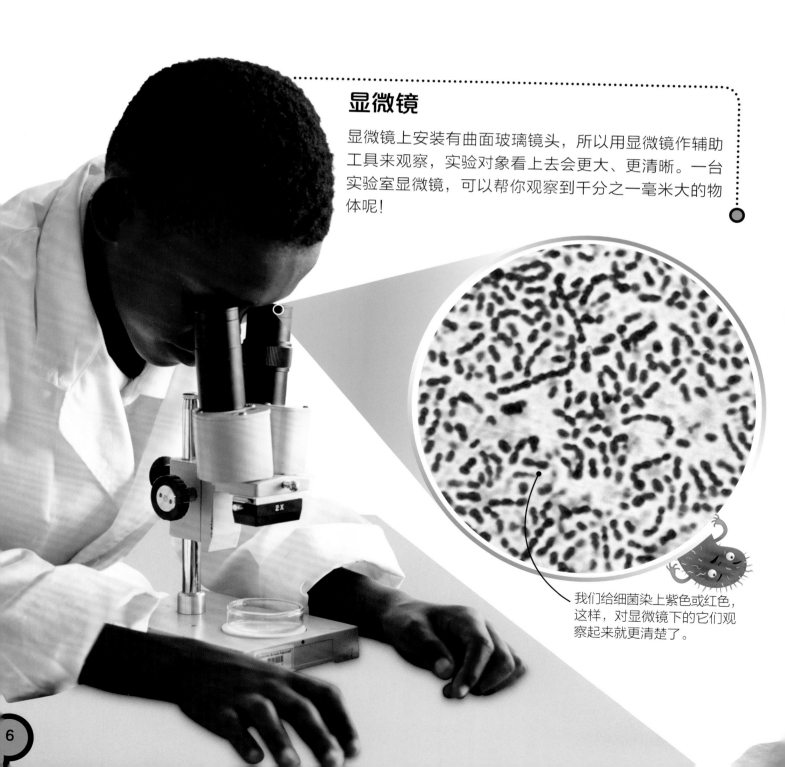

显微镜

显微镜上安装有曲面玻璃镜头，所以用显微镜作辅助工具来观察，实验对象看上去会更大、更清晰。一台实验室显微镜，可以帮你观察到千分之一毫米大的物体呢！

我们给细菌染上紫色或红色，这样，对显微镜下的它们观察起来就更清楚了。

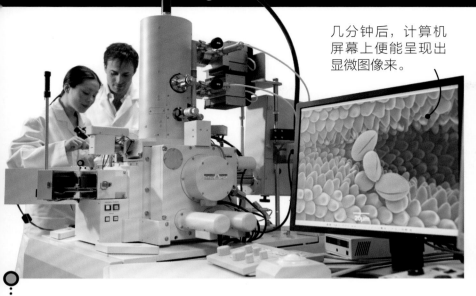

几分钟后，计算机屏幕上便能呈现出显微图像来。

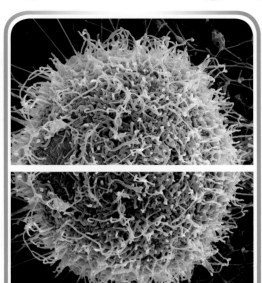

彩色图片

先由电子显微镜生成黑白照片，人们再为照片着色，可以让观察对象看上去更清晰。

电子显微镜

有些微生物实在是太小了，比如病毒，小到连用常规显微镜也观察不到，那该怎么办呢？科学家会改用一种叫电子显微镜的专业工具，向病毒发射电子微粒，在这些电子微粒的帮助下，呈现出计算机照片。

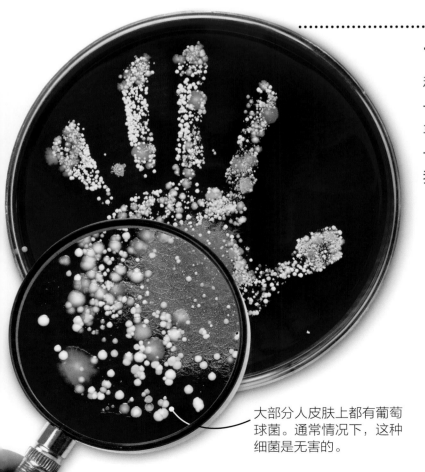

大部分人皮肤上都有葡萄球菌。通常情况下，这种细菌是无害的。

一团团培养菌

科学家会在名为培养皿的特制小碟子里，用一种叫琼脂的胶质来培养细菌。琼脂中的丰富营养物质，使细菌不断繁殖生长。过一段时间后，当细菌繁殖成一团团菌落时，我们用肉眼就能观察到了。

能**让人生病**的
有害微生物，
我们管它叫**致病菌**。

动物细胞

要是能在显微镜下观察自己的皮肤，你会发现它是由细胞构成的。这些细胞不能自力更生，无法依靠自己进行生长和繁殖，所以它们不是生物，只是你身体的一部分，跟其他几十万亿个细胞一起工作，维持你这个大块头生物体方方面面的正常运转。

对于你身上的一个皮肤细胞来说，脱落就意味着死亡，它既不再生长，也无法繁殖。

皮肤细胞们个个兢兢业业，共同努力，才能形成保护你身体的大屏障。

人体是由
多少个细胞构成的呢？
成年人约是**100万亿个。**

关于**细胞**的一切

一提起生物，或者生命体，你会联想到什么呢？首先想到的是各种动物、植物吧？反正想到**一团团小菌落**的可能性不会很大。然而，你可知道，无论是**最巨大的哺乳动物**，还是**微小的细菌**，所有除病毒之外的生物都有一个共同点，那就是：由细胞构成。

相比之下，构成细菌等微生物的细胞，虽然孤零零的，却能自力更生。

微生物细胞

细菌细胞跟咱们的皮肤细胞可不一样，它们不需要你挨着我、我贴着你，也照样能活出精彩。假如你将一个细菌细胞从它的同伴那里隔离开来，只要营养充足，它就能继续生长和繁殖下去。

培养皿中的细菌

DNA 这个大分子不简单，细胞怎么长、长成什么样、做什么、怎么做，都得听它的。

细胞内部充盈着的**细胞质**，则是像果冻一样的胶状物质。

细胞的构成

细胞的形状和大小可谓千奇百怪。有的细胞结构十分简单，有的细胞结构则相当复杂。可是不管怎样，所有细胞都包含三个组成部分：DNA、细胞质，以及细胞膜。

细胞膜裹着整个细胞，化学物质要想进、出细胞，都得经过它。

细菌是什么?

你从池塘里舀一茶匙水,那里面就有**成千上万个细菌**;你捏一小撮土,那里面也有成千上万个细菌。细菌既然这么多,那地球上到底有多少个呢?差不多**500万亿亿亿**个。这些家伙的重量,比地球上所有动植物加在一起的重量还要大呢。好了,说了半天,咱们来瞧瞧**细菌究竟是什么**。

细菌细胞

每个细菌都是由一个细胞构成的。细菌细胞的内部结构并不复杂,比其他生物的细胞构造简单多了。

细胞周身裹着的这层保护屏障,叫作**细胞壁**。

有些细菌表面还长着细细小小的丝状物,叫**菌毛**。靠着菌毛,它们就能攀附在某些外界表面上了。

长着"尾巴"的细菌在1秒钟内游走的距离,相当于它自身长度的 **100倍**呢。

这是**细胞膜**。细菌细胞生长所必需的营养物质要进来，得通过它；细胞不再需要的废物要排出，也得通过它。

瞧这千姿百态

细菌的形状和大小各不相同，模样也各不相同。最常见的有以下几种。

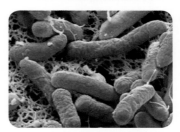

球菌

球菌，顾名思义，呈现为圆形或椭圆形，像个球似的。

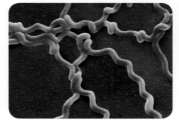

杆菌

杆菌看上去好像胶囊或是小棒槌。

螺旋菌

螺旋菌长而弯曲，像拔软木塞用的开瓶器。

有些细菌长着一条弯弯曲曲的尾巴，叫**鞭毛**。鞭毛能推着它们一直前进。

这坨缠作一团的长长细绳叫 **DNA**，它里面储存着极为重要的信息，关乎细胞是什么、怎么生存等大问题。

细胞质就是细胞里充盈着的浓浓胶状物。

核糖体里忙翻天

细菌是这样"造"出来的

细菌的细胞质里面还漂着名叫核糖体的小微粒。核糖体就像是一座微型工厂。它们会像你平时阅读产品安装说明书那样，"读"每个 DNA 副本片段，然后按照这个"说明书"制造好细胞的方方面面，"生产加工"出细菌。

通过摄入食物或是营养物质，细菌越长越大，可它总不能就一直这么大下去呀！

细胞从中间分裂开来，一个细胞变成了两个新细胞，而且它俩各有一份DNA。

这两个新细胞一模一样。如果此时营养物质还充足，它们会继续长大、分裂，进而变成4个细胞。

当细菌细胞长到一定大小，它就会将自己原有的DNA复制出一份来。然后两份同样的DNA副本分道扬镳，各自坐镇细胞的一端。

每次细胞分裂，细胞的数目都会翻倍。你看这一回，4个细胞变成了8个。

翻倍增长的生命力

一个大肠埃希菌分裂成两个大肠埃希菌，需要花费多长时间呢？20分钟。什么？你竟然嫌它慢？请仔细想一想：只要不缺吃的，每个新分裂出的大肠埃希菌细胞，都会在20分钟后一分为二——然后一拨又一拨，一次又一次……从1个变成10亿个，这会儿你还会嫌它慢吗？

8个细胞又变成了16个……

生长与**分裂**

细菌，还有许多其他单细胞生物（只由一个细胞构成的生命体），都是通过自身**不断分裂**来实现**繁殖**的，或者生成新的有机体。用这种办法，一个小小的细菌，**转眼间就能化作千千万万个**！

完美的生长条件

如果各方面条件都刚刚好，细菌就会生长得更快。那什么样的完美条件算是刚刚好呢？对于细菌来说，它们喜欢待在湿乎乎、暖和、营养物质多的地方。科学家会在实验室培养皿里创造这样的条件，以此来培养出他们所要研究的细菌。

细菌细胞翻倍增长

……16 个细胞变成 32 个……

……32 个细胞变成 64 个……

……64 个细胞又变成了 128 个……

12个小时后，

1个细菌细胞

已经分裂成**700亿个**啦！

神奇细菌
在哪里？

细菌能在哪里找到？这还用说，**到处都是！**你看这里，这里，还有这里……可以说，你眼珠儿转到哪里，细菌就安居乐业在哪里，**欢天喜地，乐此不疲**。比如下面这几个地方，肯定能让你搜寻到细菌的踪迹。

一个人所携带的细菌，从头到脚、从里到外，总共大约有**2千克重**。

石头

有些细菌在石头里面也能活得好好的。唉，石头里面能有什么可吃的？所以，这些细菌长得很慢，差不多每 100 年才分裂一次。

空气和天空

咱们周围的空气中都飘浮着细菌，头顶的大气层里也有。有些细菌甚至还住在云朵里呢！

海洋

无论水深水浅，海洋中都有细菌的踪影：生活在海面上的细菌，从太阳那里获取能量；而生活在海底的细菌，则善于将化学物质转化为能量。

土壤

细菌不光住在这儿，还把这里挤得满满当当的。生活在土壤里的细菌能把空气中的氮气转化成植物能吸收的营养物质，从而构成自然界中氮素循环的重要一环。

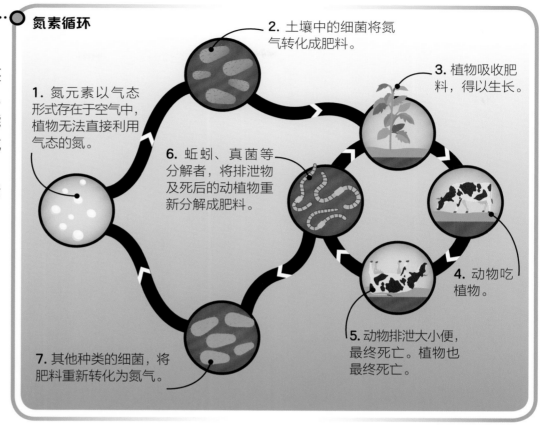

氮素循环

1. 氮元素以气态形式存在于空气中，植物无法直接利用气态的氮。

2. 土壤中的细菌将氮气转化成肥料。

3. 植物吸收肥料，得以生长。

4. 动物吃植物。

5. 动物排泄大小便，最终死亡。植物也最终死亡。

6. 蚯蚓、真菌等分解者，将排泄物及死后的动植物重新分解成肥料。

7. 其他种类的细菌，将肥料重新转化为氮气。

在家里

其实，你家里也到处都是细菌，不过别太担心，它们大多数完全无害。话虽如此，但如果你不经常打扫卫生，还是会有危险的细菌出现在你家里哦。

在你身体里？

细菌在人体和皮肤上发挥着重要的作用。说句实在话，你身上细菌细胞的总数量，比你自己的细胞还要多！

往里面看

短尾乌贼的身体里住着一种特殊的细菌。这种细菌体内的化学物质使乌贼在海中闪闪发光。这种现象叫作生物发光。

乌贼也能发光?

在太平洋和印度洋海域的浅水区,生活着一种神奇的**短尾乌贼**。怎么个神奇法呢?乍一看,这家伙竟然**闪闪发光**!你能猜出它"自带光芒"的原因吗?

有了发光细菌的帮忙，乌贼与太阳照进海水中的光线融为一体，从而巧妙躲避海底捕食者的攻击。

短尾乌贼差不多能长到**30毫米长**，是乌贼平均个头儿的**七分之一**。

把它点亮

能在黑暗中发光的生物可不止短尾乌贼一种。除了它，还有哪些星光闪闪的超级明星呢？咱们来见识一下。

蘑菇

人们常把蘑菇这类真菌发出的光称作狐火。捕食者再怎么饥肠辘辘，一看到这荧荧的光，也不得不退避三舍。

鮟鱇鱼

雌性鮟鱇鱼头上的那根肉状突出里，长满了发光细菌。这些细菌发出的光，不但能做诱饵，帮鮟鱇姑娘引诱猎物，还能帮它们找到伴侣。

浮游生物

在南亚马尔代夫的海滩上，闪闪发光的海浪不断奔涌向岸边。那光亮来自海水中会发光的浮游生物，为的是迷惑那些打算捕食它们的天敌。

在你的身体里

我们人类并非生来身上就带着细菌哟，可出生后用不了多久，就会有杂七杂八数百种细菌搬来，住进我们的身体。说到细菌，我们总是习惯性地把它们视为**导致人生病的坏家伙**，可说句公道话，大多数细菌都是无害的，有些细菌甚至还对人类有益呢。

这是什么味道呀？

说到你身体里的细菌，它们大多数都住在你的肠道里，帮你消化食物，换句话说，就是帮你把吃进肚子里的食物分解掉。这倒是帮了你不少忙，但也会产生让你难为情的副作用——放屁，尤其是吃了太多豆豆后，你的感受最深……

1 嘴巴

第一步当然是咀嚼。人体要想对食物加以利用，就必须先通过咀嚼把食物分解成一小块一小块的。

咽

咽部的肌肉会把食物推进胃里。

胃酸

2 胃

胃里的胃酸进一步将食物分解成黏糊糊的东西，然后将它们运送到小肠。

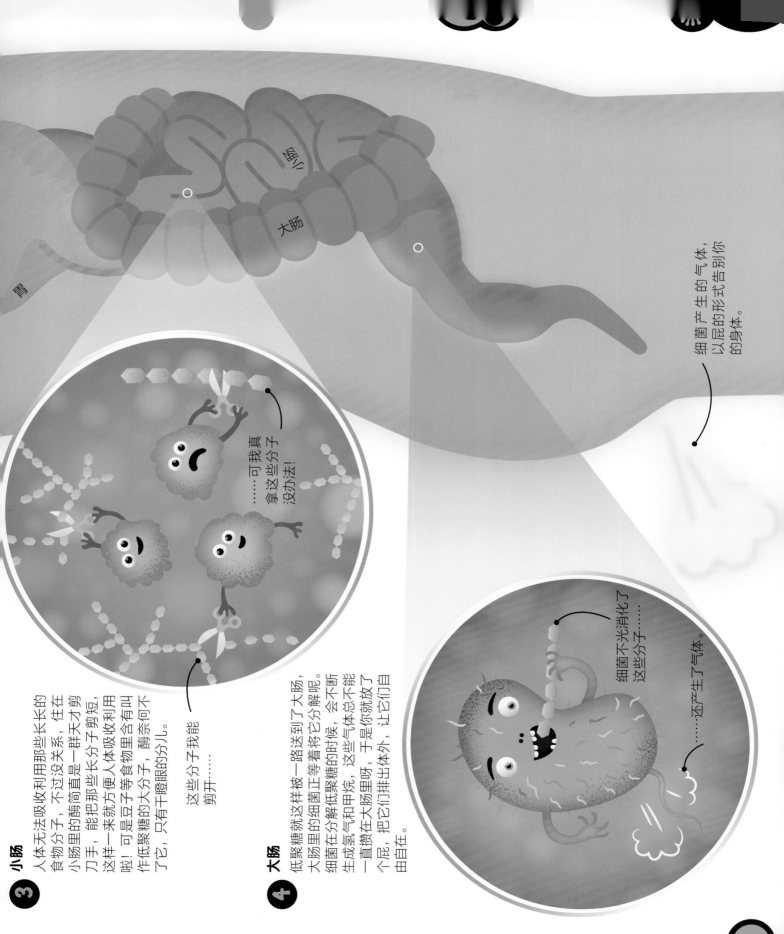

小肠

3

人体无法吸收利用那些长长的食物分子，不过这没关系。住在小肠里的酶简直是一群天才剪刀手，能把那些长长分子剪短，这样一来就方便人体吸收利用啦！可是豆豆等食物里含有叫作低聚糖的大分子，酶奈何不了它，只有干瞪眼的分儿。

这些分子我能剪开……

……可我真拿这些分子没办法！

大肠

4

低聚糖就这样被一路送到了大肠，大肠里的细菌正等着将它分解呢。细菌在分解低聚糖的时候，会不断生成氢气和甲烷，这些气体总不能一直攒在大肠里呀，于是你就放了个屁，把它们排出体外，让它们自由自在。

细菌不光消化了这些分子……

……还产生了气体。

细菌产生的气体，以屁的形式告诉别你的身体。

胃

小肠

大肠

坏家伙们

虽说大多数细菌无害，有些甚至是有益的，但毕竟还是有那么一些细菌会导致我们**身体不适**，生起病来。那么，这些**有害细菌**是如何从一个人类宿主传播到另一个人类宿主的？下面就来见识一下它们的高明途径吧。

想想看吧，
你的大便的总重量中，
光是细菌
就占了**一半**!

霍乱

霍乱是一种特别可怕的疾病，极容易在饮用水不洁的地方传染开来。1855 年，英国科学家约翰·斯诺从伦敦暴发的一次霍乱疫情中发现，导致这场瘟疫的不是别的，而是水里的某种东西。

2 腹泻

这些毒素会导致小肠分泌大量肠液，把人体别处需要的水分也都集中到小肠里，感染者因而出现严重腹泻症状，排出水样便。

1 细菌繁殖

一旦感染，霍乱细菌就会在感染者温暖湿润的消化系统中大量繁殖。它们黏附在小肠黏膜细胞表面，并释放出叫作毒素的危险化学物质。

3 粪池

在 19 世纪的伦敦，厕所马桶直接通往修建在地下的粪池，而粪池四周难免会出现裂缝，于是霍乱细菌就这样轻而易举地随着感染者的水样便进入粪池，继而经裂缝渗出粪池。

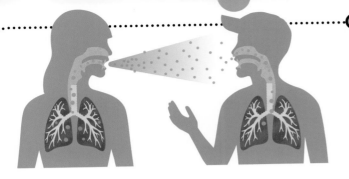

百日咳

百日咳细菌使得叫作黏液的黏性物质在肺脏里越积越多，感染者身不由己地咳嗽，靠咳嗽才能清理掉这些黏液。而这样做，无形中又会把百日咳细菌散播到空气中，将细菌吸入体内的人，便可能成为下一个感染者。

痤疮

痤疮细菌原本无害，安安分分地住在你的皮肤毛囊里。可是一旦毛囊被堵塞，人体分泌的油脂就会在毛囊里越积越多，吃油脂的细菌也就随之繁殖起来。这时人体会通过皮肤红肿，也就是发炎，来予以抵抗——哎哟，一个痘痘诞生了！

人们一个接一个病倒，约翰·斯诺发现了其中的原因，于是这口井的水泵被关停。

 5
污水
此时这口井已经受到了霍乱细菌的污染，人们饮用井水，就此感染上霍乱。

6
又有人出现发病症状
这位新的感染者现在也出现了腹泻症状！她排出粪便后，粪池里的霍乱细菌的数量就更多了。

4
受污染的水源
霍乱细菌顺着裂缝渗到了水井里。那时候还没有自来水系统，人们每天喝的水都是从井里抽上来的。

7
循环往复
更多的饮用水受到霍乱细菌的污染，更多人的生命健康受到霍乱细菌的威胁……

人体防御**有妙招**

为了抵御有害微生物或致病菌的侵扰，你的身体能使出**各种各样的招数**。这些防御手段合在一起，就构成了你的免疫系统。那么，人体**免疫系统**的第一道防线是什么呢？答案是皮肤。

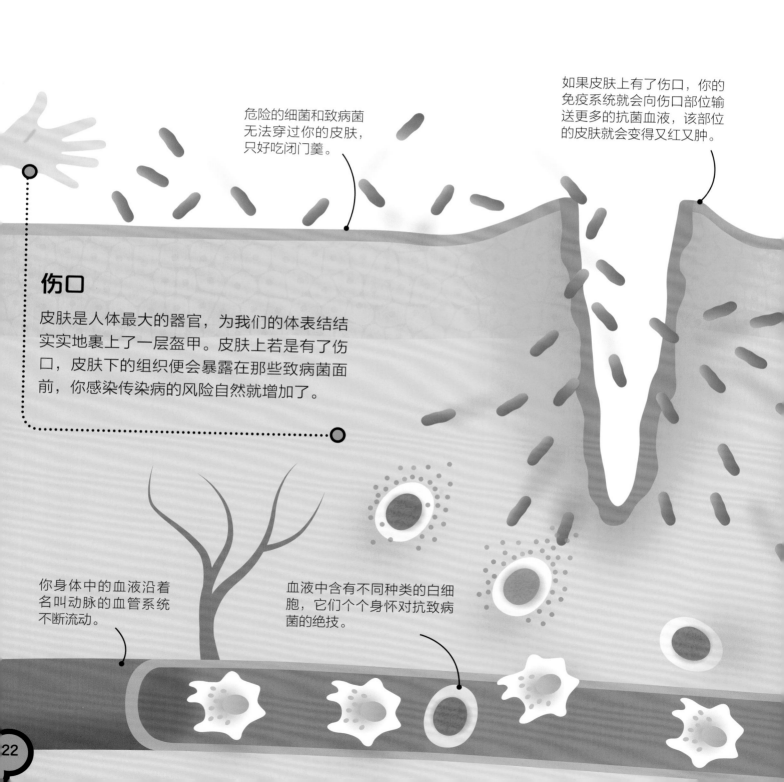

危险的细菌和致病菌无法穿过你的皮肤，只好吃闭门羹。

如果皮肤上有了伤口，你的免疫系统就会向伤口部位输送更多的抗菌血液，该部位的皮肤就会变得又红又肿。

伤口

皮肤是人体最大的器官，为我们的体表结结实实地裹上了一层盔甲。皮肤上若是有了伤口，皮肤下的组织便会暴露在那些致病菌面前，你感染传染病的风险自然就增加了。

你身体中的血液沿着名叫动脉的血管系统不断流动。

血液中含有不同种类的白细胞，它们个个身怀对抗致病菌的绝技。

过敏

有些物质虽然无害，但还是会受到人体免疫系统的攻击，这就叫过敏。比如，有的人对花粉过敏，我们会说他患上了花粉症。

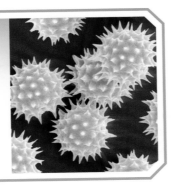

巨噬细胞

瞧！这惊心动魄的一幕，主角是一种叫作巨噬细胞的白细胞。它不光能狼吞虎咽地吃掉致病菌，还能用叫作酶的化学物质把致病菌撕个粉碎。

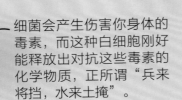

细菌会产生伤害你身体的毒素，而这种白细胞刚好能释放出对抗这些毒素的化学物质，正所谓"兵来将挡，水来土掩"。

这种白细胞能释放出叫作抗体的化学物质。入侵人体的致病菌先是被抗体杀死或击昏，然后被巨噬细胞吞个精光。

人体防御本领一览

你身体免疫系统的本领何止这些。为了帮助你阻断传染病感染，它一直在做多方努力。

发烧

发烧的时候，你的体温会变得比平日里高。发烧不光是人体对抗致病菌的一种表现，还能帮助白细胞越战越勇。

打喷嚏

鼻子里的微生物会闹得你打起喷嚏来。但也正是打喷嚏帮你赶跑了这些致病菌，让你保持健康。

流眼泪

致病菌会刺激你的眼睛，于是眼睛索性流出泪来，尽力把致病菌冲洗出去。

抗生素的故事

说了这么多，你想避免**细菌感染**吗？方法有很多呀，比如**勤洗手，不要用手揉眼睛、摸嘴巴**。可万一……万一你已经感染细菌生起病来，那该怎么办呢？医生会给你开药。对抗细菌的药，我们管它叫**抗生素**。

了不起的发现

像肺炎这种细菌性感染，以前根本没办法治疗，很多人被它夺去了性命。后来细菌学家亚历山大·弗莱明在机缘巧合之下，有了一个让世人惊叹的大发现。

1928 年的一天，亚历山大·弗莱明准备离开实验室去休假。临走之前，他在培养皿里备好了几份细菌样本。等到休假归来，弗莱明发现其中一个样本看上去怪模怪样的……

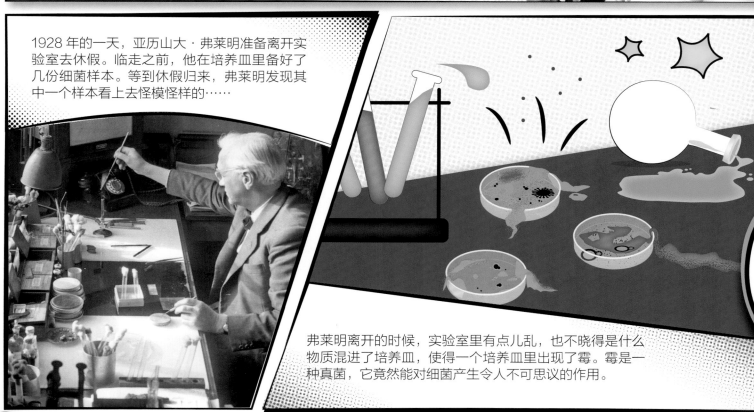

弗莱明离开的时候，实验室里有点儿乱，也不晓得是什么物质混进了培养皿，使得一个培养皿里出现了霉。霉是一种真菌，它竟然能对细菌产生令人不可思议的作用。

培养皿里究竟发生了什么？弗莱明一探究竟，发……是一种叫作青霉菌的霉混进了培养皿。为了能在细……的地盘上抢口吃的，青霉菌释放出一种分子，让细……一个个爆裂而亡，周围凡是跟它争抢营养物质的细菌，……那被它干掉了。青霉菌释放出的这种分子，我们今天……管它叫**盘尼西林**，也就是**青霉素**。

砰！青霉菌果断击败了细菌细胞，成为大赢家！

我赢了！

弗莱明的培养皿

死的细菌

爆裂而死的细菌

青霉菌

后来，一代代科学家经过不断研究，最终找到了把青霉素从青霉菌里提取出来的方法。如今，青霉素已经在全世界得到广泛运用，人们用它来治疗细菌性感染。

哼！
没那么快！

然而此后……
细菌卷土重来！

细菌可没那么容易认输。日子久了，它们竟然会对一种抗生素产生耐药性，进而导致抗生素失效，威风不再。这下你该明白，科学家总是不停地研究来研究去，总是不停地寻找新的抗生素的原因了吧。

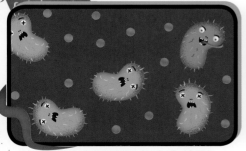

抗生素对大部分细菌产生效用

起初，抗生素几乎能杀死所有细菌，但总有些细菌或突变或稍有不同，成了侥幸存活下来的特例。

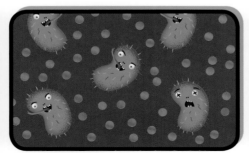

抗生素失效

突变后的细菌不断生长繁殖。对于这些细菌来说，已有的抗生素不再产生效用。

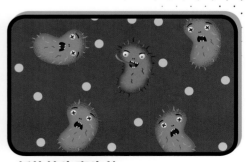

新的抗生素生效

为了杀死突变后的细菌，人们又研发出新的抗生素。然而，细菌新一轮的突变也在继续……

细菌也有超能力

作为混迹于地球约**40亿年**的元老级生物，细菌在这漫长的岁月里练就了不少盖世武功，一招招本领亮出来，无一不让人啧啧称奇。你问我它们有什么**了不起的超能力**？来，看看就知道了。

它们有磁性!

趋磁细菌体内有一串长长的磁性晶体，能发挥指南针一般的作用，帮助趋磁细菌"趋南"或"趋北"。

它们能发电!

像希瓦氏菌这样的细菌，它们身上的小毛毛能发挥电线一般的作用。靠着这些小毛毛，希瓦氏菌不光能把电荷拉进去、推出来，甚至还能排出电荷"大便"！

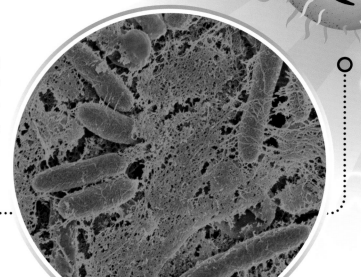

它们是超级强力胶！

新月柄杆菌称得上是最黏的细菌了，它比超强力胶水还要黏 3 倍。新月柄杆菌生成的"胶水"，是主要成分为糖分子和一种超黏蛋白质的结合物。

一颗人类牙齿上的细菌

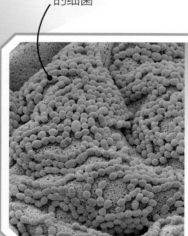

牙齿上的细菌

其实细菌普遍具有黏性。比如，有些细菌会黏附在你的牙齿上，进而导致龋齿。你知道吗，你嘴巴里细菌的数量，比全世界人口总数还要多呢！

它们擅长从内部攻破！

如何吃掉一条毛毛虫？发光杆菌的战略是从毛毛虫体内将它分解。发光杆菌寄生在昆虫病原线虫等生物的肠道里，而昆虫病原线虫又寄生在毛毛虫体内，二者联手发威，最后置毛毛虫于死地。天哪，你瞧，它还能发出荧光！

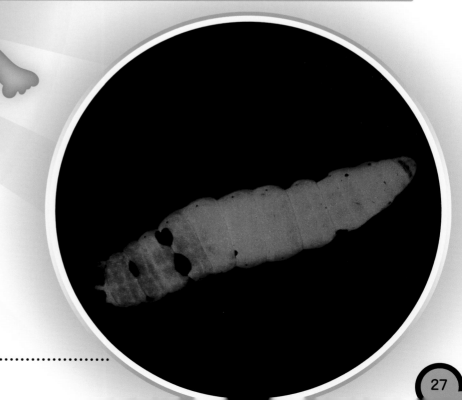

兢兢业业的细菌

其实，人类利用细菌的特性，已经有**几千年**的历史了，只不过有些利用是不知不觉的——它们在我们的身体里工作。如今，随着科学技术不断发展，人们开始有意识地研究细菌，不断**寻找新方法**，创造性地请细菌帮我们解决许许多多的难题。

制药

你的胰腺会生成一种叫作胰岛素的化学物质，这种化学物质非常重要，能让血液中的糖分含量始终保持平衡，不多也不少。然而，人一旦得了糖尿病，单靠自己的胰腺已经无法生成足够多的胰岛素，这时就需要从体外注射胰岛素。从哪里才能获得胰岛素呢？细菌大显身手的时候到了。

在找到这种
请细菌帮忙的方法之前，
人们用的是
猪胰腺生成的胰岛素！

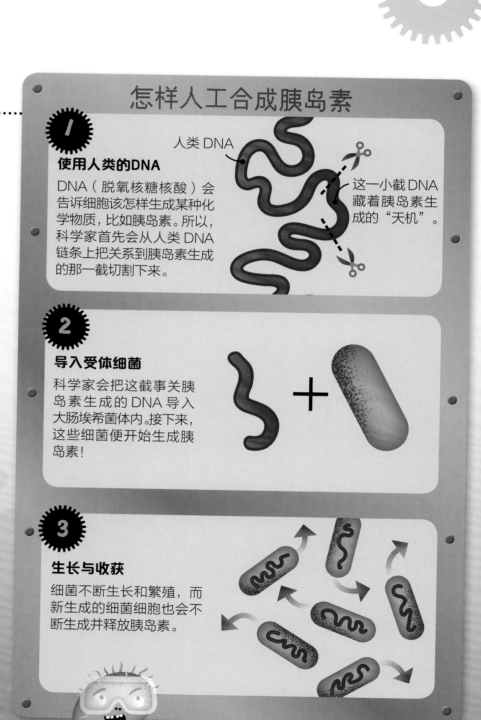

怎样人工合成胰岛素

1

使用人类的DNA

DNA（脱氧核糖核酸）会告诉细胞该怎样生成某种化学物质，比如胰岛素。所以，科学家首先会从人类DNA链条上把关系到胰岛素生成的那一截切割下来。

人类DNA

这一小截DNA藏着胰岛素生成的"天机"。

2

导入受体细菌

科学家会把这截事关胰岛素生成的DNA导入大肠埃希菌体内。接下来，这些细菌便开始生成胰岛素！

3

生长与收获

细菌不断生长和繁殖，而新生成的细菌细胞也会不断生成并释放胰岛素。

细菌帮帮忙

人们在许多方面都离不开细菌的帮助，比如培育抗旱作物，帮冒冒失失的人类收拾残局，总而言之呢，就是帮我们把世界变得更好。

害虫把这片庄稼吃了个精光。

而这片抗虫害的庄稼，显然生长得更健康、更茁壮。

保护庄稼

有些植物天生就能抵御那些想要吃掉它们的害虫。我们可以从这些植物的 DNA 中提取指令，复制后把它导入细菌，然后再把这些细菌置入其他农作物中，让这些农作物也能抵御虫害。

清洁衣物

细菌能生成一种叫作酶的微粒，这种微粒擅长分解其他微粒。我们把这些酶放进洗衣粉里，正好可以把我们衣服上的污渍分解掉。

制造材料

有些细菌能让沙土黏附在一起形成砖块。所以，科学家正在不断试验，想方设法利用细菌来制造建筑材料。

海上漏油对海洋生物的危害特别大，多亏小细菌有"回天之术"，能帮人类把油污清理干净。

油污大餐

海洋中的细菌帮助人类清理船只泄漏的油污。为了让细菌吃油吃得更快、更容易，人们会用化学物质把成片油污分离成一个个小小的油滴，这样细菌清理油污的速度就更快了。

入侵细菌

跟细菌不同，光靠自己的话，病毒无法复制或繁殖出新病毒，它不得不借助外力，强迫其他生命体的细胞帮它完成这一复制过程。噬菌体，顾名思义，就是一种使细菌受到感染的病毒。

怎样才能复制出新病毒？所有的秘密指令都储存在噬菌体的 **DNA** 中。

这些**尾丝**帮助噬菌体吸附在细菌细胞上。

病毒的外壳叫作**衣壳**。

病毒是什么?

你得过感冒吧？感冒时的你十有八九是**感染了某种病毒**。病毒是最简单的生命形式，它特别小，**比细菌还要小很多**，却"神通广大"，很多疾病的罪魁祸首都是它。

细菌的细胞壁

细菌的细胞膜

形状

病毒的形状和大小，可谓千姿百态、千奇百怪。瞧瞧右边这些家伙你就知道了。

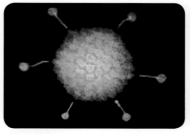

腺病毒

腺病毒会诱发呼吸系统疾病。它的外形就像由 20 个三角形组装成的球体。

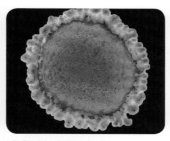

流行性感冒病毒

流行性感冒病毒也就是流感病毒，它的外表包裹着一层脂质包膜。

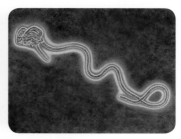

埃博拉病毒

埃博拉病毒像一根弯曲的管子。这种病毒的致死率极其惊人。

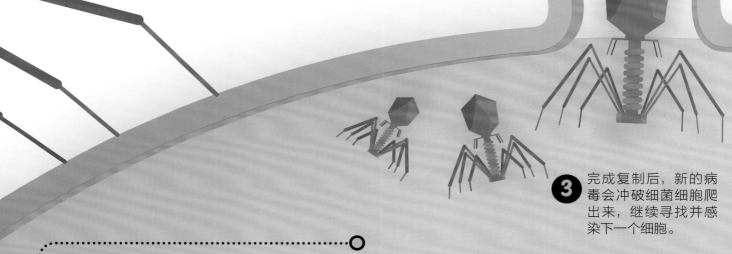

❸ 完成复制后，新的病毒会冲破细菌细胞爬出来，继续寻找并感染下一个细胞。

自我复制

病毒把自己的 DNA 注入细菌细胞。DNA 分子可真够长的，它简直就是一本长长的《安装使用说明书》，因为"制造"出新一代病毒的指令，统统装在 DNA 里。

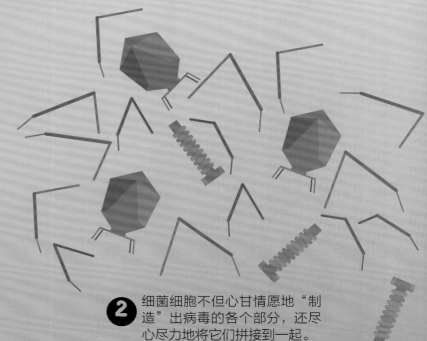

❶ 一旦遭到病毒控制，无论病毒 DNA 吩咐什么指令，细菌细胞中的特定微粒都会乖乖执行，像中了邪似的对它唯命是从。

❷ 细菌细胞不但心甘情愿地"制造"出病毒的各个部分，还尽心尽力地将它们拼接到一起。

感冒来势汹汹

普通感冒就是一种病毒性感染，它不但会害你流鼻涕、咽喉痛，还会让你头疼。平均下来，每个小孩**一年会得七次感冒**，这次数可比得别的传染病的次数多得多。

传染

要想成功传染一个新目标，感冒病毒必须想方设法混进新感染者的鼻子、眼睛或嘴巴里。你看下面这几张图，感冒病毒要做到这一点，简直就是小菜一碟呀！

鼻病毒

》导致我们感冒的病毒达200多种，其中最常见的感冒病毒是**鼻病毒**。

》对于普通感冒，目前还没有治愈方法！

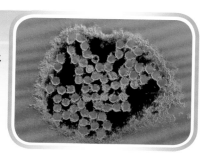

已遭受鼻病毒感染的细胞

1 擦鼻涕

一个人感冒了，他用手擦鼻涕，顺便也把感冒病毒擦到了手上。

2 手的接触

他的手接触到了她的手，病毒趁机从他手上转移到了她手上。

3 吃东西

她用手抓起食物就吃，病毒借此又从她的皮肤上迁移到了食物上。

病毒正待在叫作鼻涕的黏液中。

看这里！病毒此刻正猫在苹果上！

阻击病毒，断它生路！

难道就没有方法可以阻止感冒病毒四处传播吗？当然有，而且这几步做起来并不难。

吃好睡饱

多吃水果、蔬菜这样的健康食物，保证充足的睡眠。这样一来，你的身体处于最佳状态，自然有实力抵挡住病毒军团的入侵。

遮掩口鼻

一旦打喷嚏和咳嗽，不要用手挡着，而应该用纸巾或胳膊肘内侧去遮挡。

洗净双手

不要随意触摸自己的眼睛、鼻子或嘴巴。要触摸的话，务必先用肥皂洗手。

待在家里

感冒了就待在家里，等到好些了再出门，免得把感冒病毒传染给别人。

4 患病

一旦侵入你的嘴巴，病毒就能够繁殖，感染你的细胞，从而使你生病。

5 擦鼻涕

擦过鼻涕的手，触摸到哪里，哪里就被转移上了病毒。

6 新一轮传染

接下来病毒会继续传播，感染下一个受害者。

咳嗽又把病毒转移到你的双手上。

记忆细胞

要是感染过一次麻疹病毒，你就不会再感染第二次了。为什么？这要归功于一种叫作记忆细胞的特殊白细胞，它能把当初对抗麻疹病毒的战略战术记得牢牢的。所以，就算这种病毒再次出现，记忆细胞也知道该怎样对付它。

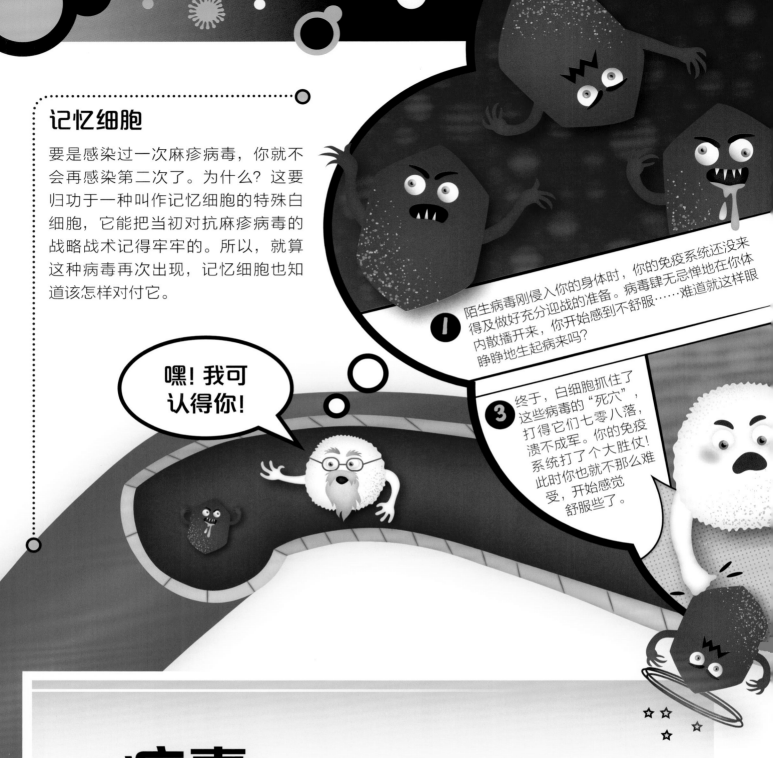

嘿！我可认得你！

1 陌生病毒刚侵入你的身体时，你的免疫系统还没来得及做好充分迎战的准备。病毒肆无忌惮地在你体内散播开来，你开始感到不舒服……难道就这样眼睁睁地生起病来吗？

3 终于，白细胞抓住了这些病毒的"死穴"，打得它们七零八落，溃不成军。你的免疫系统打了个大胜仗！此时你也就不那么难受，开始感觉舒服些了。

抗击病毒

无论入侵的是有害细菌还是病毒，人体都会出动**白细胞大军**将其击溃。然后呢？故事当然不会就这样匆匆结束，人体不只将细菌或病毒击退，还从这场战争中**获得了抵抗下次感染的免疫能力**。医生甚至还有一种**"防患于未然"**的方法，不只能让你避免下一次感染，连这一次感染也帮你免除了，你知道是什么方法吗？

2 不！你的免疫系统察觉到了感染，白细胞奉命火速前来与病毒作战！它们一边奋勇杀敌，一边试着摸清敌军底细，了解敌军的弱点。

4 战争结束，使命完成，大多数白细胞战士死去，然而也有一些白细胞留存了下来，它们便是记忆细胞。记忆细胞牢牢记住这次入侵的病毒，牢牢记住这场战役，万一这些病毒某一天卷土重来，它们自然知道该如何应对。

战争结束了，这位白细胞士兵已然记住了这次入侵的病毒。

疫苗

医生为你注射的疫苗，里面包含的病毒都已经过处理，要么是无毒的，要么包含减毒后的病毒。消灭这些家伙对于白细胞来说太容易了，简直是小菜一碟。不光如此，白细胞还能在消灭它们的过程中生成新的记忆细胞，事半功倍啊！等到有一天病毒真的袭来，这些记忆细胞便有能力保护你了。

无毒或减毒后的病毒

夺命花招

就像前文中所说的，病毒单靠自己没有能力实现复制，要想自我繁殖，它就不得不**霸占其他生物的细胞**。而且，霸占一个根本不够，病毒要的是千千万万个，多多益善，唯有这样，它才能**从一个生物跳转**到另一个生物，永不灭亡。为了一步步实现自己的繁殖大计，有些病毒甚至耍起绝妙的花招来。

狂犬病

如果感染狂犬病病毒的动物（比如狗）咬伤了别的动物，狂犬病病毒就会趁机由伤口感染新的目标。可怕的是，狗会性情大变，变得更暴躁、更爱撕咬，这正是病毒搞的鬼。借助这种卑鄙下流的花招，狂犬病病毒达到了传播繁殖的目的。

初期感染

携带有狂犬病病毒的狗咬伤了别的狗。病毒经由伤口，随患病狗的唾液进入受伤狗的血液中。

1

4 危险的唾液

患病狗的嘴巴里也有狂犬病病毒，而嘴巴恰是生成唾液的部位，于是它的唾液也成了病毒的安身之处。一旦患病狗咬伤别的动物，新一轮的传染便开始了……

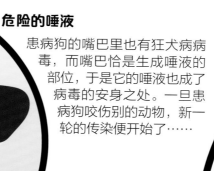

难道病毒只会有盛无衰吗？

当某种病毒经由动物传染给人类时，就会导致人类患上严重的疾病。然而，随着时间的推移，病毒的这种致命性会逐渐减弱。我们的免疫系统在一次次斗争中渐渐懂得该如何对付它、消灭它，病毒自然也就由盛转衰了。

小小的狂犬病病毒竟能大举围攻动物细胞。

2 到达大脑

病毒不断繁殖，沿着狗的躯干一路蔓延到狗的大脑。该病毒一旦入侵大脑，就会导致大脑肿胀。

3 行为异常

大脑异常导致狗的行为举动也随之发生变化。患病的狗会变得更爱攻击和撕咬别的动物。

人畜共患病

狂犬病虽然在人类中很少见，但它确实是一种人畜共患病。也就是说，不只是动物会患上这种病，人类也会因被患病动物传染而生病。人畜共患病是世界上最严重的疾病之一，我在这里举几个例子。

禽流感

禽流感也叫鸟流感，这种流感病毒通常在鸟类之间传播，不过也能传染给人类，夺走人的生命。

西尼罗热

这种病毒原本在乌鸦等鸟类中很常见，但它会经由蚊子的叮咬传染给人类。许多感染者什么症状也没有，可有些人一旦感染上西尼罗病毒便会生病。

埃博拉

这种能危及性命的疾病，一旦传染给人，便会导致患者高热和出血。目前，科学家认为埃博拉病毒的源头是一种蝙蝠。

猫抓病

人畜共患病不光有病毒性的，还有由细菌导致的感染。比如，猫抓病，就是细菌经由猫咪的抓挠而侵入人体，导致感染，引发水肿和肌肉疼痛。

植物也会感染病毒

动物会因为感染病毒而生病，那么植物呢？答案当然是肯定的。**所有生物**都会受到病毒的侵袭，植物也不例外。不过，因为植物没办法像动物那样从一个地方移动到另一个地方，所以要想从一株感染者传染到另一株上，植物病毒就得**另想法子**了。

香喷喷的鬼把戏

怎样才能让自己在植株之间顺利传播呢？黄瓜花叶病毒自有一套鬼把戏：已经感染了黄瓜花叶病毒的植物，会散发出一种异常浓郁的气味，而以植物为食的昆虫——蚜虫最喜欢这种气味，自然会被这甜甜的味道所吸引。香味在哪里，它们就飞向哪里。

❶ 咦？哪里来的香味？

一只蚜虫闻到了附近植物释放出的浓烈气味。嗯，根据气味它可以断定，附近有顿营养可口的植物大餐正召唤着自己！

❷ 伙计们，向美味进发！

蚜虫们争先恐后地飞向那株植物，准备大快朵颐。刚一着陆，它们便张开嘴巴，一口咬下去……

❸ 呸！

这叶子压根儿就没那么好吃嘛，那香喷喷的气味分明就是骗人的！然而为时已晚，就在蚜虫们开口品尝的时候，植株中的病毒已经被它们吃进了肚子里！

郁金香的烦恼

郁金香的花瓣通常只有一种颜色，但一旦感染了郁金香碎色病毒，它们的花瓣上就会生出白色的条纹，原有的纯粹色调就此被"打碎"。你也许会说："这看上去挺酷的呀！"可这种病毒对于花朵来说是有害的。

④ 病毒得偿所愿

大失所望的蚜虫们决定离开这片"伤心地"，张开翅膀去寻找更好的餐饭。无意间也把病毒带走了。后来的故事你应该猜到了吧？当蚜虫们发现新的植株继而饱餐一顿时，病毒也悄无声息地传播开来了……

黄瓜花叶病毒

» 黄瓜花叶病毒的衣壳看上去跟足球还真有点儿像，是由12个五边形和20个六边形组成的。

真菌是什么?

世界上的**真菌**多种多样,它们却拥有一些共同点:无论有机体**是死是活**,真菌都可以向它们渗入有分解作用的液体,再把营养物质吸食上来,用这种方式来摄取维持自己生命活动所必需的营养。

霉菌

许多微生物都是由单个细胞构成的,但霉菌这种真菌有些与众不同。霉菌利用菌丝来摄取自己所需的营养物质,而它那些看上去枝枝蔓蔓的菌丝,是由多个细胞构成的。你看图中这片面包,已经被菌丝"裹"得严严实实了。

这些菌丝颜色各异,说明面包上的霉菌不止一种。

霉菌的这种丝状结构叫菌丝。

黑面包霉（匍枝根霉）

千奇百怪的真菌

真菌称得上是千奇百怪了，它种类繁多，像霉菌、酵母和蘑菇，都是真菌！而且不管在哪儿，只要是够暖和、够潮湿的地方，就会有真菌冒出来，哪怕是我们的身体上！

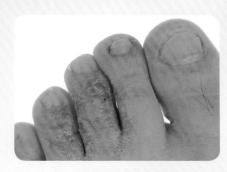

真菌感染

有些真菌会在我们的身体上繁殖，导致"香港脚"一类的皮肤病。脚在鞋子里出汗，为真菌提供了潮湿的条件，它们不长才怪哩！

干酵母

人们烘焙时会用到酵母这种真菌。比如面包，你看面团里那许许多多的气孔，就是酵母释放二氧化碳气体时形成的。

蘑菇

有些真菌会一直躲在看不见的地底下吃呀吃，等到准备繁殖下一代了，才冒出地面来……然后呢？然后就是你看到的这株蘑菇啦。

辨别真菌

判断某种微生物是不是真菌，条件之一便是看它的细胞壁是不是由甲壳素（几丁质）构成的。没错，就是构成螃蟹壳和昆虫外骨骼的那种甲壳素，它也是构成真菌细胞壁的重要成分。

铺天盖地的霉菌

谁能想象得到，在我们周围的空气中，始终飘浮着尘埃一般的小小颗粒——**孢子**。它们飘啊飘，一旦在食物上着陆，便开始生长、繁殖，最终壮大成一个个**真菌斑块**。这时你靠肉眼总算能瞧得见它了，也只有这时你才会说——

"哎哟，发霉了！"

人们把一个西红柿从植株上采摘了下来。然后呢？时钟始终在嘀嗒嘀嗒走着，一刻也不停。在这个红彤彤的地盘被霉菌部队占领之前，归你支配的时间能有多久呢？

新鲜采摘
此时西红柿的细胞强壮又饱满，霉菌孢子无法穿透它的厚实表皮。

一个星期后
因为早已离开植株，无法再从植株那里获得新鲜的营养物质，西红柿越来越衰弱，甚至开始腐坏。

两个星期后
由于不断摄取西红柿腐坏时释放出的营养物质，霉菌看上去更加壮大了。

呸呸呸，好恶心！这个西红柿如今已被霉菌完全占领，只能将它扔掉了。

慢一点，再慢一点

为了保持食物新鲜，我们会把食物放进冰箱里储存。因为低温环境有助于减慢霉菌生长和水果腐烂的速度，这样一来，霉菌就没那么快"占领"食物了。

四个星期后

霉菌正在"吃"这个西红柿，让它变得软塌塌、烂乎乎的。

是敌是友？是好是坏？

当然，也并非所有的霉菌都对人类不利，我们有时候甚至还会特意培育霉菌呢。那么，究竟哪些霉菌是你该留心提防的呢？

你家里的霉菌

在水龙头等潮湿角落里经常会有霉菌出现，数量过多的话可能会导致你患上过敏等病症，所以它们是坏霉菌！

变质食物

食物上如果出现了霉菌斑块，说明食物已经开始腐坏了，天知道它里面会不会还有什么其他的危险微生物，所以千万不要吃！

霉菌好味道

有些食品中含有可食用的特殊霉菌，比如蓝纹乳酪那股浓烈的味道，就源自其中的霉菌。真好吃呀！

霉菌成长记

霉菌似乎每回都是**从天而降**，神不知鬼不觉地突然出现在你眼前：昨天放在果盘里的苹果还**红彤彤**的呢，今天怎么冷不丁就出现了绿茸茸的斑块？这些狡猾的真菌，究竟是**从哪里冒出来的**？

孢子的一生

霉菌这类真菌会借助孢子传播。孢子是霉菌的生殖细胞，每个孢子都能发育成一个新个体。因为个头儿轻而小，所以它们能在空气中飘来荡去；又因为生命力顽强，即使历经长途跋涉，它们也能活下来。

孢子生长

霉菌孢子吸收腐烂食物释放出的营养物质，夜以继日地生长。

孢子着陆

空气中飘着很多霉菌孢子，所以你在很多东西的表面（包括食物表面）上都能发现它们的踪迹。

蒲公英种子

孢子跟蒲公英等植物的种子特别像。风一吹拂，霉菌孢子随之飘散，落到哪里，就会在哪里生成新个体。

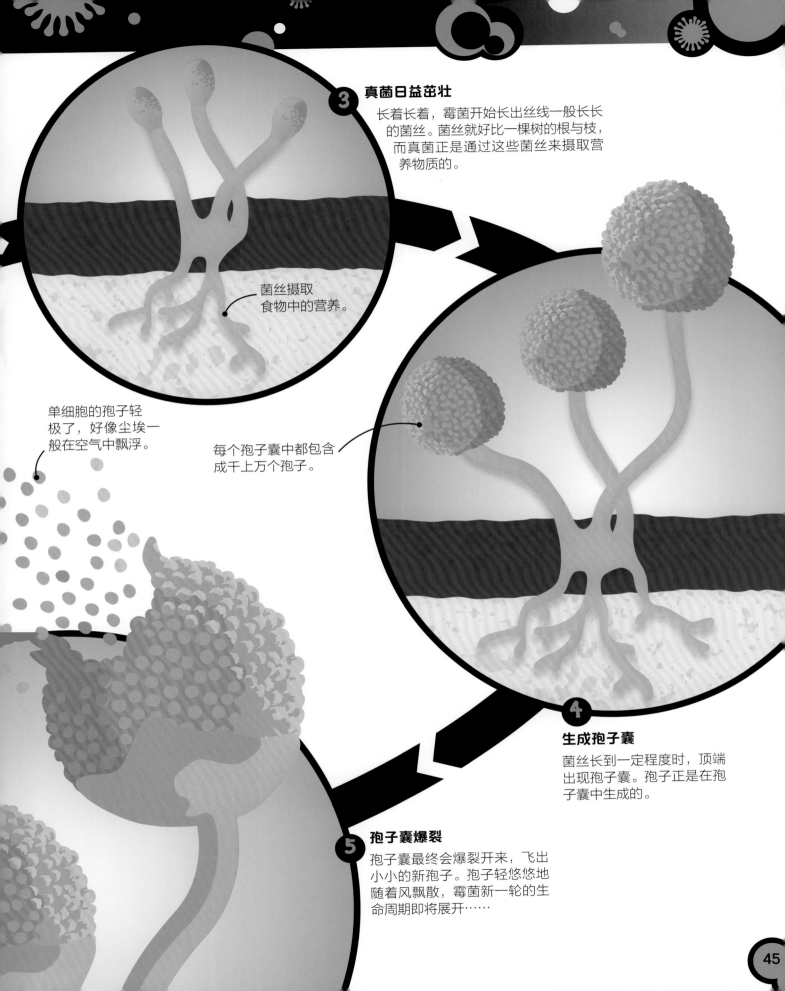

3 真菌日益茁壮

长着长着，霉菌开始长出丝线一般长长的菌丝。菌丝就好比一棵树的根与枝，而真菌正是通过这些菌丝来摄取营养物质的。

菌丝摄取
食物中的营养。

单细胞的孢子轻极了，好像尘埃一般在空气中飘浮。

每个孢子囊中都包含成千上万个孢子。

4 生成孢子囊

菌丝长到一定程度时，顶端出现孢子囊。孢子正是在孢子囊中生成的。

5 孢子囊爆裂

孢子囊最终会爆裂开来，飞出小小的新孢子。孢子轻悠悠地随着风飘散，霉菌新一轮的生命周期即将展开……

发酵

酵母是一种由单个细胞构成的真菌。它有一种本领，就是通过发酵把糖转化成酒精、二氧化碳气体等其他物质。人们正是看中了酵母的这个本领，才会请它来帮忙制作酒等饮料。

① 酿酒的第一步，是把大量的葡萄碾碎。在传统制作工艺中，人们完成这一步通常靠的是两只脚！

② 葡萄一旦被碾碎，其表皮上原本就有的天然酵母便跟葡萄果肉中的糖混合在了一起。就这样，发酵过程开始了。

③ 当酒精达到一定浓度时，酵母便会死去。在酵母还活着的时候，如果将葡萄酒装在酒瓶中，你会发现酒瓶里还有二氧化碳气泡在不断产生，倒酒时还会起泡泡，"嘶嘶"作响。

大厨小不点儿

你一定想象不到，小小微生物还能在厨房里**大显身手**呢！这种借助真菌和细菌**发酵**的方法，人类已经沿用了**数千年**，所以算不上新奇。微生物发酵的过程，不仅可以使食物储存的时间更长，还能让它的味道变得更加可口。

好吃的发酵食物

没想到吧？原来这么多食品的制作工艺中都涉及发酵过程！来，列几个人们最喜欢的发酵食品给你看看，里面一定也有你爱吃的。

面包里这些数不清的小孔，都是二氧化碳气体的功劳。

泡菜

泡菜是一种传统小菜，由大白菜等蔬菜制成。在细菌的作用下，大白菜会发酵，形成一种酸溜溜的味道，好吃极了。

面包

烘烤面包之前，人们会往生面团里添加酵母。酵母在里面产生二氧化碳气体，气体被封在生面团中，形成许多小气泡，正是它们使出炉的面包又轻又松软。

奶酪

牛奶中含有一种叫作乳糖的糖类，借助于细菌，乳糖会发酵生成乳酸。而为奶酪带来浓郁香味的，正是乳酸。

酸奶

跟奶酪一样，酸奶也是用发酵牛奶中的糖类制成的。制作酸奶的主要微生物中，有一种细菌叫作乳酸菌。

精神控制

有一种叫作偏侧蛇虫草菌的真菌，其释放的孢子一旦附着到一只蚂蚁身上，就会在它身上散播开来。过不了多久，这种真菌就牢牢控制了这只蚂蚁的意识和行为。

菌柄末端的这个球球叫孢子囊。孢子囊迟早会爆裂开来，释放出数不清的新孢子。

从蚂蚁的头部萌发出菌柄来。

①
孢子着陆

偏侧蛇虫草菌释放出的孢子落在了一只不幸的小蚂蚁身上。孢子借助一种叫作酶的特殊化学物质，侵入蚂蚁体内。

③
蚂蚁攀高

在真菌的驱使下，身不由己的蚂蚁不停地向上爬，一路爬到植株顶端，然后张口就咬了下去。

②
感染真菌

真菌细胞在蚂蚁体内不断繁殖，进而散播开来，释放出越来越多的化学物质。蚂蚁的行为举止开始在这种作用下发生改变。

蚂蚁变僵尸!

如果你以为真菌只会在死去的动植物身上生长，那就大错特错了。有些真菌，不但会在**活的生物**体内生长，而且会彻头彻尾**改变生物原有的行为模式**。比如，咱们要说的这种诡异真菌，竟然能把活生生、好端端的小蚂蚁变成僵尸!

4

真菌萌发

在用强有力的大颚紧紧钳住植物后，蚂蚁死了。而它身体里的真菌却继续肆无忌惮地生长、繁殖，最终从蚂蚁体内萌发出长长的菌柄来。

5

新一轮生命周期

这一回，真菌又故技重演，释放出大量孢子。那些路过此地的无辜蚂蚁，神不知鬼不觉地便感染了偏侧蛇虫草菌，即将成为新的僵尸蚂蚁。

蚂蚁用大颚紧紧钳住植物，一动不动，咽下了最后一口气。

种真菌的小农夫

当然，也不是所有真菌都会伤害蚂蚁。你看这些切叶蚁，竟然有本事像种农作物那样培育真菌呢！它们先是切割树叶，然后将树叶一片片地运回地下巢穴中，用叶片培育出真菌后再享用。

藻类是什么?

湖泊或池塘的水面上,有时会凭空铺上好多黏糊糊的绿东西,你见过吗? 那个呀,十有八九是藻类! 人们一见这些"绿烂泥",便知道是藻类。可事实上,并非所有藻类都是绿色的,这种**令人惊奇的生物**种类繁多。

硅藻

图中呈现的藻类名叫硅藻,是一种单细胞生物,硅藻细胞表面覆盖着复杂的脊状突起和孔洞,其外壳的主要成分是有点儿类似于玻璃的蛋白石。

有的硅藻呈圆形,有的则呈三角形、方形,甚至还有星形的。

这些美丽的微生物为艺术家带来了创作灵感。你能画出自己心目中的硅藻吗?

从虫绿藻到巨藻

藻类的形态和大小真是多种多样。在它们这个大家族里，既有用显微镜才看得到的单细胞微生物，又有巨型海藻这种由多细胞构成的庞然大物。

虫绿藻

虫绿藻是单细胞生物，所以你眼前的这些绿点点，一个绿点就是一个细胞，也是一个虫绿藻个体。虫绿藻靠寄生在别的生物体内生存。

巨藻

巨藻是一种名叫海带的藻类。它通常呈褐色，能在海下成片生长，形成"巨藻森林"。

硅藻是透明的，仿佛一片片玻璃。

硅藻外壳上点缀着许许多多孔洞

进进出出

硅藻的外壳上为什么会有那么多的小孔？原来，硅藻的外壳不但坚硬，而且连水都渗透不进去，别的物质就更别提了。可是硅藻需要吸收营养物质来生长，也需要把体内产生的废物及时排出体外，所以……所以这下你明白这些小孔存在的意义了吧？

越来越多的绿色

所有藻类获得能量的来源都是一样的，是谁呢？**太阳**。跟植物相同，藻类也是通过**光合作用**这一过程，把从太阳那里获得的能量加以转化，为己所用。在这个过程中，它们也会吸收二氧化碳气体，并用它生成**氧气**。

水华现象

当温度、太阳光等环境因素刚好满足生长条件时，藻类就会迅速占领一方池塘、一片湖泊，甚至是一大片海域。这种水体变色的现象叫作水华，暴发时波及水体的规模相当大。

绿色的淡水藻类

看仔细

因为含有叶绿素这种特殊微粒，所以这些淡水藻类看上去是绿色的。叶绿素会在光合作用中派上用场。

我们呼吸的**氧气**中,
大约有一半
是**由藻类生成**的!

藻类就好比生长在海洋、湖泊、池塘与河流里的花草树木。它们和这些植物一样,吸收太阳光,用太阳光来生成糖分和氧气。

太阳能的传递

藻类借助体内的叶绿素微粒吸收来自太阳的能量,并将它转化成糖储存在体内。有了这些糖,藻类才能实现生长与迁移。那动物怎么办?这只蜗牛通过吃藻类来获得高能量的糖,因为动物也要长身体,也要东奔西跑嘛!

原生动物是什么?

每种原生动物都是由单细胞构成的，就跟细菌一样。话虽这样说，但追本溯源，原生动物**跟动、植物的关系其实更紧密些**。它们也像动物那样东走走、西逛逛，而且会**以别的生物为食**。

● 变形虫

变形虫这种原生动物，模样看上去就仿佛果冻"啪叽"一声掉在了地上，而且这摊"果冻"还能不断改变自己的形状! 变形虫不但能四处移动，还能伸出腿一般的"伪足"捕捉食物。有些变形虫会以捕食其他低等生物（比如细菌）为生。

变形虫

» 食物释放出的化学物质，变形虫能感觉得到。这有点儿像我们的嗅觉。

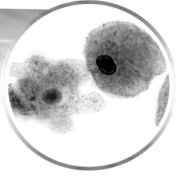

变形虫的**细胞膜**充满弹性，没有固定的形状。

变形虫体内所充盈的，大部分都是**细胞质**。

人们在变形虫体内一个叫**细胞核**的中央囊体里发现了它的 **DNA**。

变形虫伸出"伪足"，将一个细菌包围起来。

3

一旦将细菌完全捕获，这些溶酶体就会释放出酶，把细菌分解成营养物质供变形虫吸收。瞧，变形虫的"饱餐一顿"，就是这样实现的。

2

这一小包一小包的酶叫作溶酶体，它们移动过来各就各位，随时待命。

其他原生动物

除了变形虫外，原生动物的主要代表还有另外两种，分别是纤毛虫和鞭毛虫。

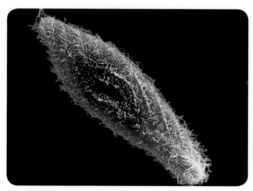

纤毛虫

纤毛虫体表长着像毛发一样的小突起，叫作纤毛。不管是移动、吃饭、感知外界，还是抓住东西，它们都要靠纤毛。

鞭毛虫

鞭毛虫至少有一条长尾巴，这条尾巴叫鞭毛。鞭毛虫靠鞭毛来游泳。有些鞭毛虫会使人类患病。

真够大的！

由单一细胞构成的生物，大多数都很微小，不过这也并非绝对。有种巨型阿米巴虫，是人类目前所知的最大的单细胞生命体。它能长到20厘米宽，比你的小巴掌还要大呢！

古生菌是什么?

这家伙看上去也特别像细菌,但不同之处在于,古生菌拥有超坚固的**细胞膜**。在其他微生物根本无法生存的**极端条件**下,古生菌依然可以活得自由自在,无所不能,难怪这么多科学家都认得它。

不惧烈火

像超嗜热菌这样的古生菌,能在约100℃的高温环境下生存!一般来说,高温会导致 DNA 等重要分子破裂,然而超嗜热菌并不担心,因为在修复破损分子这方面,它真的相当有一套。

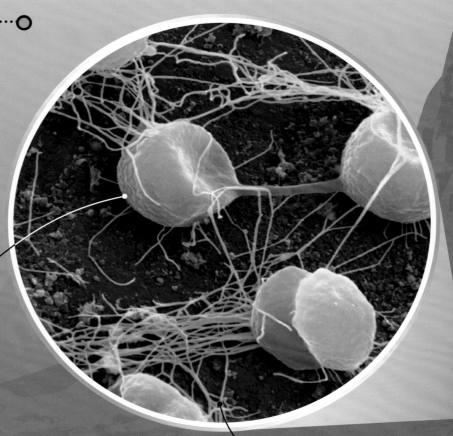

超嗜热菌的**细胞膜**相当坚固,足以帮它在大洋底部的高压热溢口等酷热环境中生存下来。

古生菌的**鞭毛**或尾巴不止一条,可以帮它四处移动。

洋底热溢口是什么?

大洋底部往往有一些裂缝,这些裂缝由于受到热岩和岩浆的加热,温度非常高。海水渗入裂缝中走一遭,然后从洋底热溢口冒出来,好像海底火山一般。恰恰在这里,你能找到超嗜热菌那生龙活虎的身影。

在这里，从热溢口出来的热水与海洋中的冷水彼此交汇，形成黑色的"烟"。

热水从洋底热溢口顶端喷涌而出。

奇葩古生菌

科学家惊讶地发现，古生菌不只能存活在高温环境中，在其他极端环境条件下，有些古生菌照样过得有滋有味。

喝得惯盐水

科学家原本以为高浓度盐水中不可能有生命存在，然而他们错了。有些古生菌能在比海水还要咸上 10 倍的盐水中存活。

抵得住辐射

有几种古生菌即便暴露在辐射源面前也能安然无恙，而这些辐射源浓度的三千分之一，就足以杀死一个人类。由此可见古生菌的生命力有多么强。

目前来看，
还没有出现
由古生菌导致的疾病。

微生物彩虹

当然，微生物世界里的奇葩也并非只有古生菌。比如，美国黄石国家公园里环绕着大棱镜温泉的那些美丽彩虹，实际上就是拜高温细菌所赐。

微型动物

细菌是单细胞体，原生动物也是单细胞体，难道所有微生物都是由单一细胞构成的吗？不。有些微生物**由多细胞构成**，不过还是小到人用肉眼看不见。这些微生物叫**微型动物**，那世间难得一见的长相保证会让你一哆嗦！定定神，来认识一下这几位吧。

瞧，这些是螨虫从睫毛毛囊里探出来的尾巴。

睫毛螨虫

几乎有一半人的睫毛中寄生着蠕形螨。蠕形螨是一种叫作螨虫的动物，长 0.4 毫米左右。它们有八条腿，一到夜里就会在我们的眼睑周围爬来爬去。

线虫

生活在大洋底部的动物中，有 90% 都是这种叫作线虫的微小生物。此外，它们也能在人类和其他动物体内生存。线虫会以植物和其他微生物（比如细菌）为食。

大多数线虫长度都在 2.5 毫米以内。

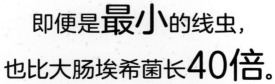

即便是**最小**的线虫，也比大肠埃希菌长**40**倍。

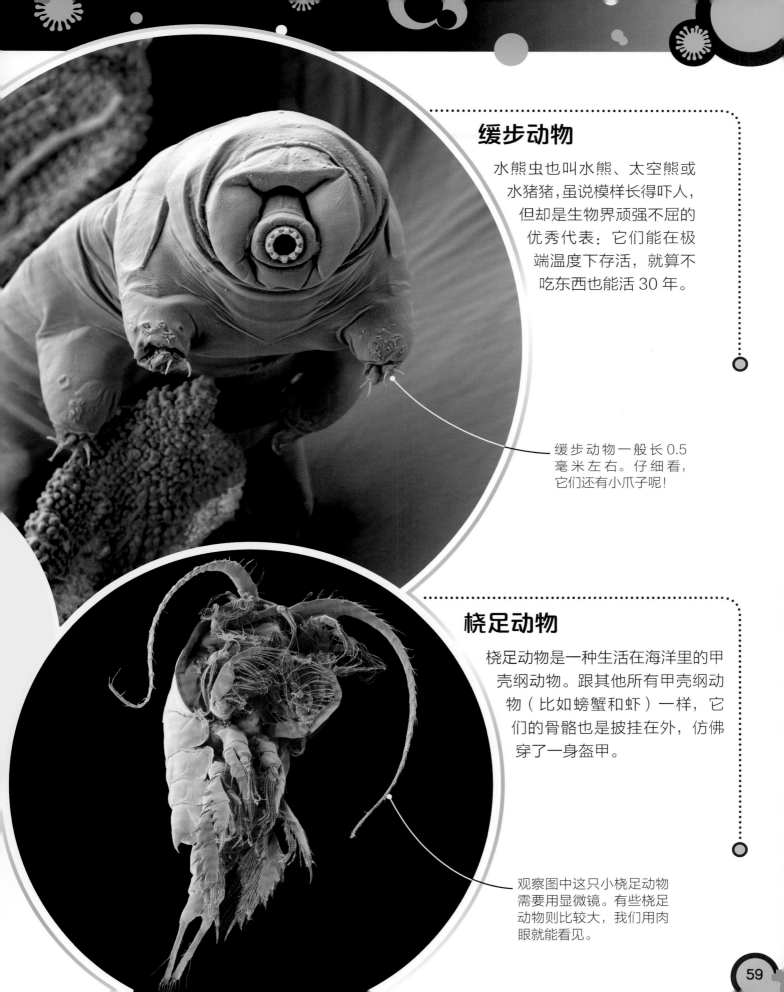

缓步动物

水熊虫也叫水熊、太空熊或水猪猪，虽说模样长得吓人，但却是生物界顽强不屈的优秀代表：它们能在极端温度下存活，就算不吃东西也能活 30 年。

缓步动物一般长 0.5 毫米左右。仔细看，它们还有小爪子呢！

桡足动物

桡足动物是一种生活在海洋里的甲壳纲动物。跟其他所有甲壳纲动物（比如螃蟹和虾）一样，它们的骨骼也是披挂在外，仿佛穿了一身盔甲。

观察图中这只小桡足动物需要用显微镜。有些桡足动物则比较大，我们用肉眼就能看见。

微生物学大事年表

多少年来，人类对**微生物**不断进行探索、研究，相关的微生物学知识也在随之持续深入和变化着。这张大事年表，罗列出了迄今为止人类微生物学史上那些最值得铭记的**重要时刻与发现**。

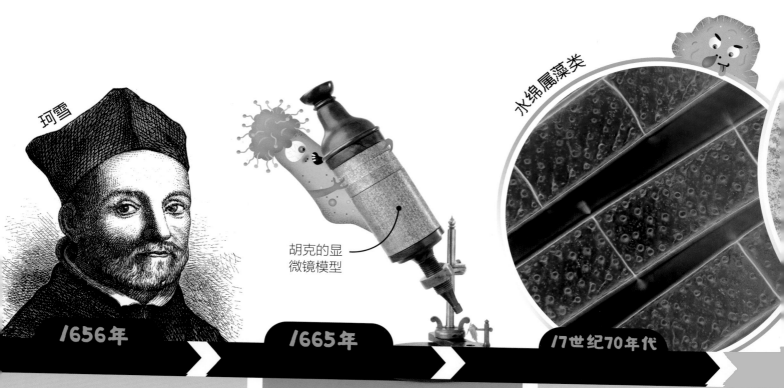

珂雪

1656年

胡克的显微镜模型

1665年

水绵属藻类

17世纪70年代

微生物

当时意大利罗马**鼠疫**横行，学者阿塔纳斯·**珂雪**努力寻找治疗鼠疫的方法，成为人类历史上利用显微镜**观察微生物**的第一人。他指出，显微镜下的那种微生物，便是导致人类**感染鼠疫**的元凶。

霉菌孢子

科学家罗伯特·**胡克**是成功观察到并描述**霉菌孢子**的第一人。显微镜下的软木细胞，看上去就像修道院里僧侣住的**小室**（cell），于是胡克第一次提出了**"细胞"**（cell）这个词。

细菌

1676年，科学家安东·范·**列文虎克**成为描述**细菌**的第一人。后来，他又发现了**水绵属藻类**，还发现了微小的**线虫**。时至今日，世人将列文虎克视为**"微生物学的开拓者"**。

1854年: 霍乱肆虐, 约翰·斯诺发现是由水中的某种物质导致人们感染患病的, **霍乱**病因由此得以发现。(见第20、第21页)

牛痘病毒

我们用巴氏消毒法对牛奶进行消毒, 杀死牛奶中的致病菌。

借助高温或高强度的化学药品, 对手术器具进行清洁或消毒。

/796年

/862年

/865年

疫苗

医生爱德华·**詹纳**证明**牛痘病毒**不仅对人类无害, 还会使人类对**天花**这种可怕的疾病产生免疫力。这是人类历史上的第一种疫苗。你知道吗? **"疫苗"** 这个英文单词, 正是源自拉丁文单词**"牛"**!

致病菌

生物学家路易·**巴斯德**证明致病菌的出现并非**无迹可寻**, 它们是从一个地方**传播**到另一个地方的。巴斯德通过加热肉汤杀死**致病菌**, 证明了自己的学说。后来他对这一过程加以完善, 最终成就了今天我们所熟知的**"巴氏消毒法"**。

消毒

受到巴斯德的启发, 外科医生约瑟夫·**李斯特**发明了在外科手术中避免感染的**杀菌消毒法**。具体包括**洗手**、消毒伤口, 以及清洁**解剖刀**等手术器具。

1928年:
亚历山大·弗莱明
发现了**青霉素**。
（见第24、第25页）

巨噬细胞正在吞噬
这些致病菌细胞。

烟草花叶病毒

人工染色后的细菌

病叶

/9世纪80年代

/883年

/892年

细菌染色法

医生罗伯特·**科赫**发明了一种方法，为细菌染上不同的颜色。这样一来，观察**显微镜**下的细菌会更容易，科赫也借此锁定了导致**肺结核病**的细菌元凶。

巨噬细胞

动物学家（研究动物的科学家）伊利亚·**梅契尼科夫**观察到了一种细胞吞食其他细胞的现象。这一现象被称作**吞噬作用**。我们身体中名为巨噬细胞的白细胞，正是通过**吞食入侵**致病菌来对抗传染病的！

病毒

植物学家（研究植物的科学家）德米特里·**伊万诺夫斯基**和微生物学家马丁努斯·**拜耶林克**在患病植株上发现了致病元凶。它比细菌还**要小**，却能传播疾病。这是人类首次发现病毒，该病毒被命名为**烟草花叶病毒**。

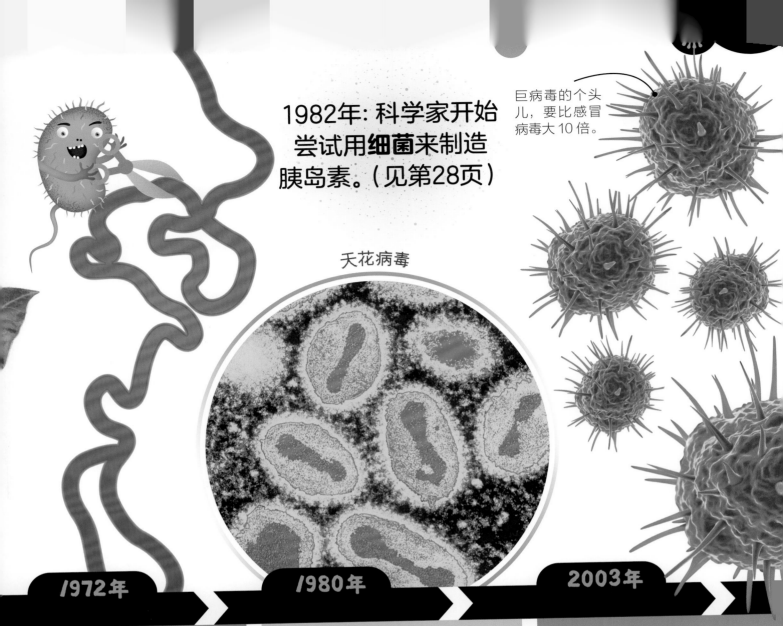

1982年: 科学家开始尝试用**细菌**来制造胰岛素。（见第28页）

巨病毒的个头儿，要比感冒病毒大10倍。

天花病毒

1972年

基因

生物化学家斯坦利·**科恩**和赫伯特·**伯耶**用酶将某种生物的**DNA**片段复制到了另一种生物中。这是**基因工程**的开端，或者说，这意味着人类开始通过改变生物体的 DNA 来影响生物的**行为**。

1980年

天花病毒

有史以来第一次，一种可怕的人类**疾病**在全世界范围内土崩瓦解。由于**疫苗**在全球得到推广使用，**天花**终于不再是一种噩梦般的存在。如今，有些实验室中仍然保存着**天花病毒**的样本，供科学家研究使用，但有人认为即便是实验样本也应该彻底将其销毁，以绝后患。

2003年

探索永无止境

生物学家迪德尔·**拉奥尔特**发现了一种巨大的病毒——**巨病毒**。巨病毒的特性跟别的病毒不大一样，这使得科学家不禁开始重新思考"**病毒**究竟是什么"。是啊，**探索永无止境**，微生物学里值得研究学习的东西，还有很多呢！

术语表

在探讨、学习细菌以及微生物学的相关知识时，这些词语可以助你一臂之力。

DNA

细胞中的一种重要微粒，其中存储着关于该生物如何发育、行动的一切信息。

埃博拉

一种致死率极高的病毒。

巴氏消毒法

通过加热以杀死牛奶等液体中所有致病菌的方法。

孢子

真菌散播开来的生殖细胞，类似植物的种子。

孢子囊

长在真菌菌柄上的孢子球。

鞭毛

某些微生物长着的"尾巴"，可以靠它来移动。

鞭毛虫

一种至少长有一条长鞭毛的原生动物。

变形虫

一种能轻易改变自己形状的原生动物。

病毒

一种微生物，会感染生物细胞并导致生物患病。

超嗜热菌

一种能在洋底热溢口等超高温条件下存活的古生菌。

虫绿藻

一种藻类，寄生在其他生物体内才能存活。

氮气

存在于大气中的一种气体。

低聚糖

豆子等食物中所含有的长分子物质。

毒素

危险的化学毒物。

发酵

微生物将糖转变成其他物质的过程。

繁殖

生物体得以生成更多生物体的方式。

分子

所有物质结构中的最小粒子。

杆菌

具有杆状外形的细菌。

古生菌

与细菌极其相似的一种微生物，却有着不同于细菌的特性和坚固的细胞膜。

光合作用

植物和藻类从太阳那里吸收能量并加以转化的过程。

硅藻

一种单细胞藻类。

核糖体

细胞中能对生物体各部分加以"建造"的微粒。

霍乱

一种会在不洁条件下传播的严重疾病。

记忆细胞

在感染结束后仍能识别入侵致病菌的一种白细胞。

甲壳纲动物

包括桡足动物、螃蟹、虾在内的一类动物。

甲壳素（几丁质）

所有真菌细胞壁的构成物质。

酵母

一种单细胞真菌，常用于发酵。

接种疫苗

疫苗中含有的病毒已经过处理，或减毒或无毒。医生将疫苗注射进人体，以保护人体免受某些疾病的侵袭。

巨噬细胞

一种吞食致病菌的白细胞。

菌毛

长在某些细菌体表上、帮助其攀附在外界表面上的微小丝状物。

菌丝

真菌所具有的一种丝状结构。

抗生素

对抗细菌的药物（统称）。

流感病毒

会导致流感的病毒。

螺旋菌

螺旋状的细菌。

酶

能将大分子分解成更小分子的化学物质。

霉菌

一种生长于腐败食物等潮湿处的真菌。

免疫系统

生物体用以摆脱致病菌等外来致病因素入侵的系统。

培养皿

科学家用于培养微生物的特制小碟子。

偏侧蛇虫草菌

一种能使蚂蚁变成"僵尸"的真菌。

青霉素

一种由霉菌生成的抗菌物质。

琼脂

培养皿中用来培养微生物的果冻状物质。

球菌

圆球状的细菌。

人畜共患病

经由动物传染给人类的疾病。

杀菌消毒

对手术工具等加以清洁以杀死致病菌的过程。

生物发光

生物具有的发光能力。

生物体

对一切生物的统称。

史蒂夫·莫尔德

这本书的作者！

噬菌体

一种攻击细菌的病毒。

受污染

某物质中若是掺杂了致病菌等有害物质，我们就说它受到了污染。

水绵属藻类

一种藻类，摸上去又黏又滑。

吞噬作用

某种细胞吞食其他细胞，比如巨噬细胞吞食致病菌。

微生物

需要依靠显微镜才能观察到的生物的统称。

微生物学

以微生物为研究对象的科学。

微型动物

小到需要用显微镜才观察得到的动物。

细胞

构成生物的基本单位。

细胞壁

某些细胞的细胞膜外会多出这样一层保护结构。

细胞膜

包裹在细胞表层，与外界环境进行选择性物质交换的一层组织。

细胞质

细胞内的果冻状物质。

细菌

最常见的一类微生物。

细菌学家

研究细菌的科学家。

纤毛虫

一种体表覆盖着毛发状纤毛的原生动物。

显微镜

借助曲面玻璃将观察对象放大以进行观察的工具。

腺病毒

一种会影响生物呼吸的病毒。

消化系统

人类等生物用以分解、吸收食物的系统。

叶绿素

进行光合作用的化学物质。

胰岛素

负责平衡生物血液中糖分含量的化学物质。

营养物质

食物中所含有的、可供生物生长发育的物质。

原生动物

以其他生物为食的一类单细胞微生物。

藻类

一种能借助叶绿素吸收太阳能量的微生物。

致病菌

会导致人生病的有害微生物。

真菌

通过生成并散播孢子的方式实现繁殖的微生物。

症状

疾病征兆，比如打喷嚏、肿胀等。

索引

Aa
埃博拉 31,37
鮟鱇鱼 17

Bb
巴氏消毒法 61
白细胞 23,34,35
百日咳 21
孢子 42,44,45,48,60
孢子囊 45,48
鼻涕 32,33
鞭毛 11,56
鞭毛虫 55
变形虫 5,54,55
冰箱 43
病毒 2,3,4,7,30,39,62

Cc
肠 19
超嗜热菌 5,56
虫绿藻 51
传染 22,23,34,37
磁性 26
痤疮 21

Dd
DNA（脱氧核糖核酸）
9,11,12,28,29,30,31,54,56
打喷嚏 23
大便 20,26
大肠埃希菌 12
大棱镜温泉 57
大气 14

氮素循环 15
电荷 26
电子显微镜 7
动物 8,15,58,59
动物传播的病毒 36,37
毒素 20,23
短尾乌贼 16,17

Ee
二氧化碳 46,47,52

Ff
发酵 46,47
发热 23
繁殖 9,12,13
肥料 15
废物 11,51
分解 27
浮游生物 17
辐射 57
腹泻 20,21

Gg
杆菌 11
感冒 32,33
供水 20,21
古生菌 5,56,57
光合作用 52
硅藻 50,51
过敏 23,43

Hh
海洋 14,56,57
核糖体 11

狐火 17
缓步动物 59
黄瓜花叶病毒 38,39
霍乱 20,21,61

Jj
基因 63
疾病 20,30,31,32,57,61,63
记忆细胞 34
家 15
甲壳素（几丁质）41
僵尸蚂蚁 49
酵母 41,46,47
睫毛螨虫 58
巨病毒 63
巨噬细胞 23,62
巨藻 51
菌丝 40,45

Kk
抗生素 24,25
空气 14
狂犬病 36,37
昆虫传播的病毒 38,39

Ll
流感 31
漏油 29
螺旋菌 11

Mm
蚂蚁 48,49
猫抓病 37
毛囊 21

酶 19,29,48,55
霉菌 5,40,45,60
免疫系统 22,23,34,35,37
面包 47
蘑菇 17,41

Nn

奶酪 43,47
黏性 27
黏液 21
农作物 29,49

Pp

泡菜 47
培养皿 7,13,24
皮肤 8,15,22
屁 18,19

Qq

禽流感 37
清洁 29
青霉菌 25
青霉素 25
琼脂 7
球菌 11

Rr

染色 62
桡足动物 59
人畜共患病 37
人体 8,15,18,19
溶酶体 55

Ss

伤口 22
生物 3,8
生物发光 16
石头 14

食物 42,47
噬菌体 3,4,30
酸奶 47

Tt

太阳 52,53
糖 27,53
糖尿病 28
天花 61,63
土壤 15
唾液 36

Ww

微生物 2,7,9,60
微生物学 60,63
微型动物 58
尾巴 10,11
胃 18
乌贼 16,17

Xx

洗手 33
细胞 8,9,10,11,34,35
细胞壁 10,30,41
细胞膜 9,11,30,54,56
细胞质 9,11,54
细菌 2,3,4,7,9,10,21,26,29,60
纤毛虫 55
显微镜 6,7,62
腺病毒 31
线虫 58
消毒 61
消化 18,19
血液 22

Yy

蚜虫 38,39
亚历山大·弗莱明 24,25,62
盐 57
眼泪 23
洋底热溢口 56,57
氧气 52,53
药 24,25,28
叶绿素 5,52,53
胰岛素 28,63
疫苗 35,61
营养物质
7,9,11,12,13,42,44,51,55
游走 10
郁金香 39
原生动物 5,54,55
约翰·斯诺 20,21,61
云 14

Zz

再循环 15
藻类 5,50,53
致病菌 7,22,61
真菌 5,17,40,49
植物 15,29
植物病毒 38,39
嘴 18,27

致谢

DK向下列人员致以谢意：负责图片搜索的沙克希·萨鲁甲（Sakshi Saluja）；在高分辨率工作方面给予协助的雅米尼·潘沃尔（Yamini Panwar）、潘卡·夏尔马（Pankaj Sharma）和里兹万·莫哈末（Rizwan Mohd）；给予编辑工作协助的凯蒂·列侬（Katy Lennon）和凯西·戈林鲍姆（Kasey Greenbaum）；校对员波利·古德曼（Polly Goodman）；以及负责编制索引的海伦·彼得斯（Helen Peters）。
史蒂夫·莫尔德将此书献给他的家人：莉安妮、艾拉、莱拉和阿斯特尔。